Neue Möglichkeiten der Stromerzeugung
Vom Regentropfdynamo bis zur Sonnensaftanlage

Robert Zobel

Neue Möglichkeiten der Stromerzeugung

Vom Regentropfdynamo bis zur Sonnensaftanlage

Bibliografische Information der Deutschen Nationalbibliothek
Die Deutsche Nationalbibliothek verzeichnet diese Publikation in der Deutschen Nationalbibliografie; detaillierte bibliografische Daten sind im Internet über http://dnb.d-nb.de abrufbar.

ISBN 9783756244775

24,99 Euro

Guten Tag,

ich wünsche Ihnen in diesem Buch alles Beste. Hoffe, dass Sie
gut reingeflutscht und jetzt gespannt auf die ganze
Angelegenheit sind. Auf jeden Fall: Viel Spaß.
Dieses Buch ist eine kleine Hommage an Katz&Goldt. Einem
Duo aus Comiczeichner und Schriftsteller.
Einfach, weil ich vor kurzem wieder zu ihnen gefunden habe
und mich freue. Oder als Buße dafür, dass ich so lange weg
war. Irgend so was.
Seit ein paar Tagen möchte ich nun auch mehr Bilder mit
Texten unterlegen. Ich werde null an die Beiden ranreichen,
aber meinen kläglichen Versuch, zeige ich frisch und frei ;)

Mein Überthema ist die Stromerzeugung. Am Anfang dachte
ich, dass ich dieses Buch den Grünen schicke. Wollte einfach
eine Reaktion erzeugen, aber ist ja nu auch Quatsch. Was soll
da kommen? Wahrscheinlich nichts oder sie nutzen wirklich
ein paar Ideen. 100pro komme ich mit einer Möglichkeit der
Zukunft nahe. Fantasie strahlt immer. Auch in die Wahrheit.

Liebe.

Robert

1. SonnensaftKraft ernten

Der größte Energiespender unseres
Sonnensystems ist die Sonne. Deshalb heißt es
auch Sonnensystem und nicht Mondsystem. Je
näher man der Sonne kommt, desto näher

kommt man der Energie. Am Ende würde man
verbrannt werden, weil dies Kraft zu stark ist.

Wie wäre es, wenn man Sonnensaft mit einem
langen Schlauch abzapft? Hierzu bräuchte man
nur einen gekühlten Wasserschlauch, der innen
durch Gletschereis gespeist wird. Bringt man den
Sonnensaft dann zur Erde, kann man damit
ganze Zentralheizungen versorgen und somit die
Menschen im Winter wärmen.

Stell Dir einmal vor, dass jeder Fußtritt, den Du setzt, als Energie umgewandelt und gespeichert wird. Stell Dir vor, dass die längste Einkaufsstraße

Deiner Stadt mit besonderen Gehflächen
bedeckt ist. Klitzekleine Federn sind unter der
Fläche verbaut und nehmen die Bewegungen
auf.

Die so entstehende Spannung wird zu
Hochspannung.

3. RegenEnergie

Gleiches Federprinzip, wie bei dem Gehweg. Nur viel kleinere Federn. Federn, die ein Regentropfen herunterdrücken kann. Dies in großen Flächen auf die Hausdächer. Fertig!

4. Schuhräder

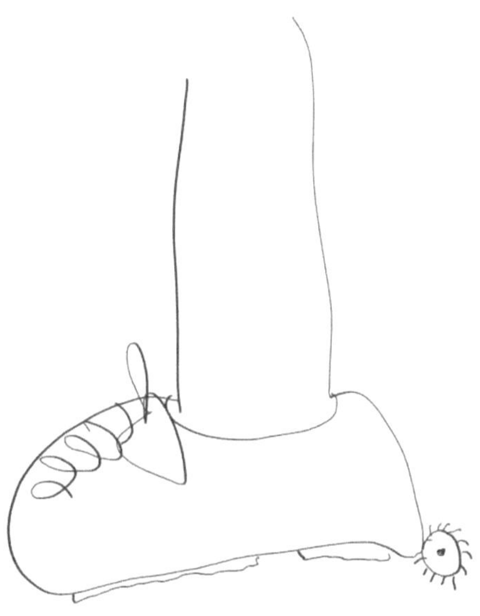

Kleines Rädchen an allen Schuhen. An
Sportschuhe gehören dann gleich zwei Rädchen
dran. Prinzip ist klar. Rad berührt immer wieder

den Boden und nimmt somit Energie auf. Diese werden im Schuh gespeichert, die man später im Schuhregal abzapfen kann. Wird sofort in den Haushalt gespeist.

14

5. Die Riebschwanzmethode

Die Bewegungsenergie ist wichtig. Wir vergeuden unser Tun ständig ins Nichts. Entweder man nimmt die

Schuhe, die ich auf Seite 3 vorgestellt habe oder zieht
einen Elektroreibschwanz hinter sich her.
Die Abriebenergie wird in einem kleinen Rucksack
gesammelt.
Guter Nebeneffekt: Die Menschen würden viel
schlanker sein, wenn sie vor dem CouchpotatoDasein
erst einmal die Energie erwandern müssen.

Unten sieht man einen kleinen Flummi mit
innenliegender Batterie. Anstatt Atommeiler sollte man
Flummihallen konstruieren. Also einen riesigen Raum,
an dessen Wänden energiesaugende Rezeptoren
liegen. Steigt man nun die Treppe hinauf und wirft
seinen Flummi mit aller Kraft hinein, so vervielfacht sich

diese und am Ende kann man seinen Flummi wieder
abholen, die Batterie ist voll und die Flummihalle kann
auch noch Energie an die Gesellschaft abgeben.

18

Was ist positive Anstrengung für einen Menschen? Wo verausgabt er sich vollkommen und spürt die Mühe nur wenig? Wo ist er auf jeden Fall in der Ausübung glücklich, wenn gegenseitige Liebe am Start ist? Genau, Sex. Womit rühmen sich Männer, wenn es um Geschlechtsverkehr geht? Mit Ausdauer.

Schade, dass man diese nicht berechnen kann oder? Wieso aber nicht und was wäre, wenn Männer die Ausdauerstärke auf ihrem Handy ablesen könnten? Und noch verrückter: Was wäre, wenn die ausgegebene Fickenergie auch noch gespeichert werden könnte? Wenn es einfach stimulierende Anzüge geben würde, die man nicht nur anzieht, weil es Energie bringt, sondern auch, weil es besonders geil ist? Und jede Bewegung wird kleine Kraftwerke antreiben, die Energie erzeugen.

Oder ganz anders: Man wirft einfach 200 notgeile Menschen in einen geschlossenen Raum und nutzt einfach die Wärmeenergie.

Vielleicht bedarf es eines neuen Initiationsritus. Immer, wenn man ausgewachsen ist, so geht der Staat an zwei Zähne, zieht diese und baut dafür eine kleine Windradlandschaft hinein.
So wäre jeder Atemzug gewinnbringend.

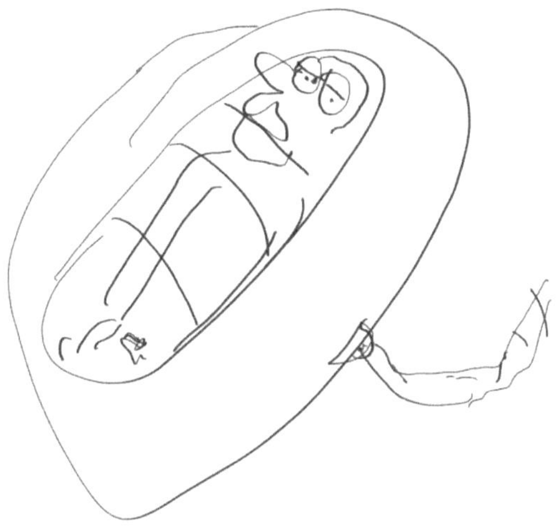

Jeder Zweitgeborene muss an den Staat abgegeben werden. Dieser wird, wie bei Matrix, als menschliche Batterie genutzt. Drittgeborene dürfen ganz normal behalten werden.

Schwimmbäder sind stets befüllt mit Zitteraalen. Wer baden will, muss auch zittern. Die Schwimmbecken ziehen die Energie der ZitterStromstärke automatisch ein. Nur so sollte man Schwimmbäder betreiben. Ein Schwimmbad könnte Strom für 8 Millionen Haushalte schaffen.

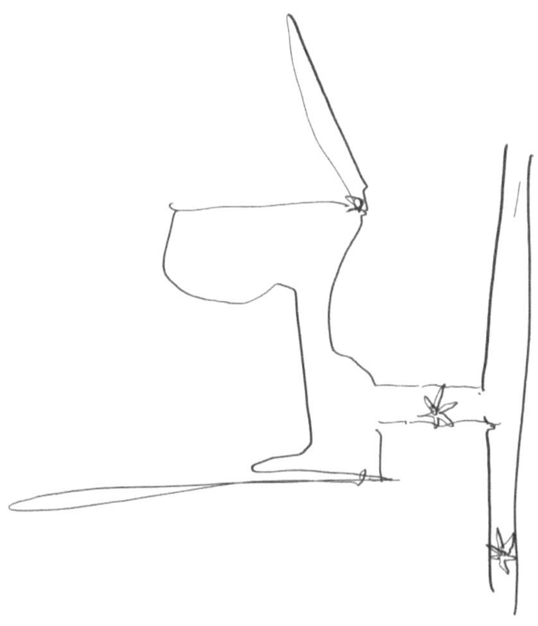

Kleine Räderchen in sanitären Rohren können feinsten Strom erzeugen. Aber was wäre mit Räderchen in Stromleitungen? Unendliche Energie?

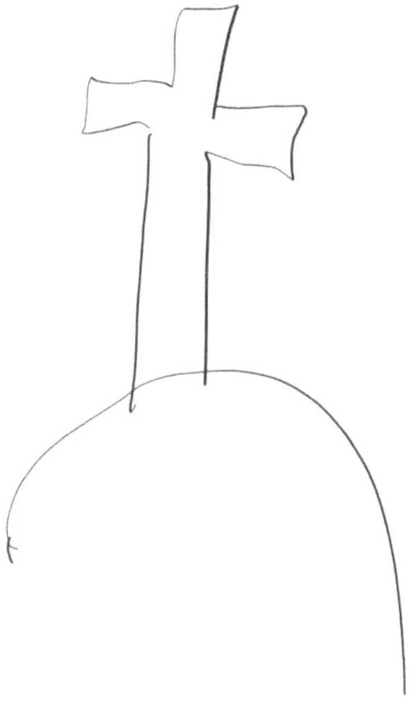

Der Tod ist schlimm und pipapo, aber wieso sollte man
mit dem Raumschiff, dass man auf dieser Welt benutzt
hat, irgendwie pfleglich umgehen? Man brauch es
nicht mehr. Es ist kaputt und unbeseelt. Also warum
den Würmern die Energie schenken? Kann man das
nicht in Energie umwandeln? Ist der reine menschliche

Körper nicht unter Zersetzungsprozessen auch imstande Energie zu erzeugen? Vielleicht sogar Zersetzungsgas, dass besser ist als Erdgas? Wird dem bisher nachgegangen? Mein Körper schenke ich diesem Forschungsgebiet.

Eine PiPiÖffnung in der Stadt. Da machen alle rein. Sie sind dazu verpflichtet. Jeder muss über eine große Wanne gehen und hineinmachen. Wer anderweitig beim Urinieren erwischt wird, wird der Zersetzung von Punkt 12 freigegeben. Sinn und Zweck: Mikrobielle Brennstoffzelle. Diese würde für eine ganze kleine Stadt

reichen. Von dieser großen Wanne könnte man
Stromleitungen an alle Häuser ziehen.

32

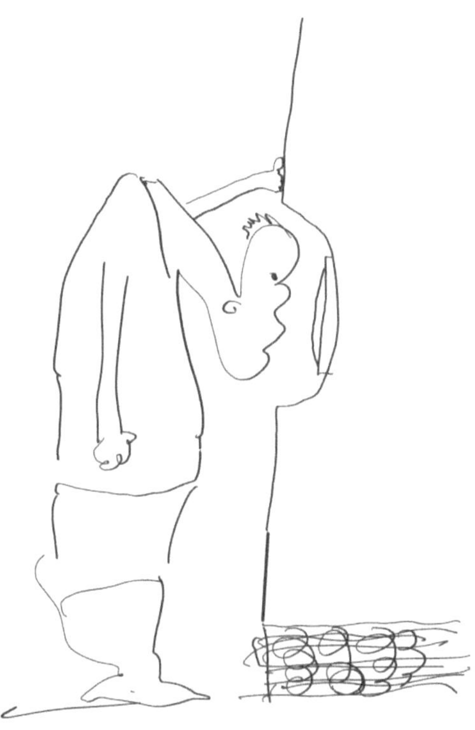

Man stelle sich einmal eine Fernsehsendung vor, die
total gehypt ist und die auf einmal nur noch an
bestimmtem Empfangsgeräten gesehen werden kann.
Diese sind in Anlehnhäusern eingebaut und man muss
ganz nah kommen, um etwas zu sehen. Das Haus steht
auf einer Platte von dynamischen

Stromschluckspechten und ständig wird Energie gesammelt, wenn man sich anlehnt.

34

Das Flattern der Vögel zu nutzen, ist eigentlich eine naheliegende Angelegenheit und sie lassen es auch wirklich mit sich machen. Fangen sie einmal einen Raben und fixieren sie ihn so frei, dass er flattern kann. Er wird flattern. Sehr, sehr lange. Länger, als er Energie haben dürfte. Das kann man ableiten. Das muss man ableiten.

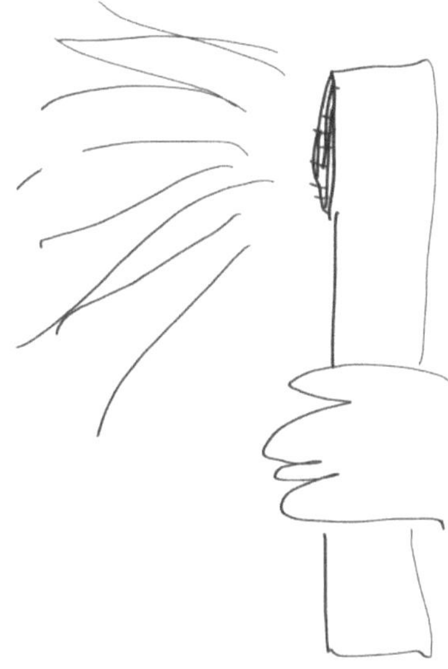

Sie sehen richtig. Das ist ein Entmaterialisierer. Er nimmt die gesamte Substanz eines Gegenstandes oder einer Umgebung, zerstört die Atome und fabriziert somit starke Energie. Muss nur noch erfunden werden. Was kannst Du dafür tun, dass man es erfindet? Frag Dich das mal!

In irgendeiner Dimension wird aus Freude und Glück
Energie gemacht. Da fördert man die Bürger und treibt
sie voran. Immer zu neuen Horizonten, die verglücken
lassen. Jeder geht gut mit dem anderen um und alles
andere wäre eh eigener Energieverlust. Wer weiß, was

für Energiespektren unsere Gehirne haben. Vielleicht ist Glück einfach nur die beste Energie, die es gibt.

40

18. EndfrauEnergie

Schon mal den Begriff „Hitzewallungen" gehört? Das
haben Frauen in den Wechseljahren. Ihnen wird ganz
anders und heiß.
In den früheren Zeiten sind die Frauen ja nicht so alt
geworden. Wahrscheinlich haben sie vor dem
Ableben noch einmal alle Energie für die Sippe

abgelassen und man konnte sich daran laben. Wie an einer Energiedusche.
Vielleicht sollte man Frauen in den Wechseljahren zu Abzapfung verpflichten. Vielleicht mit penisähnlichen Konstrukten, die auch Spaß erbringen. Diese Energie muss genutzt werden.

Kennen Sie diese Videos, in denen Hunde sich wie bescheuert drehen und ihren Schwanz schnappen wollen? Kann man das nicht triggern? Schon im Welpenalter? So, dass man sie anknippsen kann, wenn es Energie benötigt? 40 Hunde für einen angenehmen Fernsehabend?

45

Wieso müssen Naturkatastrophen eigentlich stets Geld und Menschenleben kosten? Wieso kann man diese Gewalt nicht auffangen und in die Stromnetze pressen?

47

In jede Behausung eines Rentners sollte eine
Kurbelmaschine installiert werden. Wenn diese bedient
wird, so soll ein LCD-Bildschirm alte Videos aus alten
Zeiten abspielen. Einfach wahllos und zufallstechnisch.

Die Vereinsamung würde sie an die Kurbeln schicken und es würde mehr Strom erzeugt, als die Jungen verbrauchen könnten.

48

22. Bockspringbockenergiezapfen

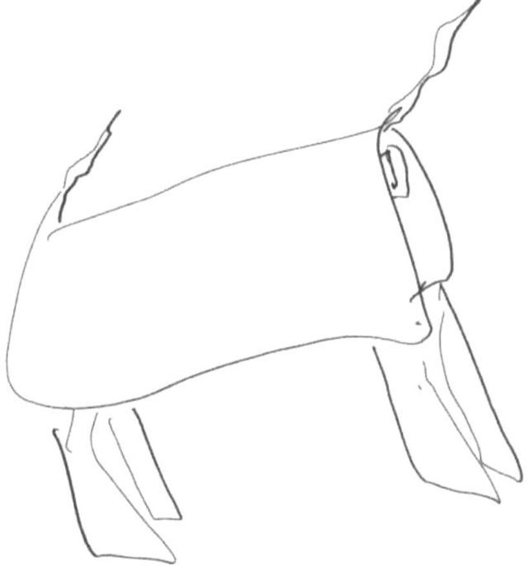

Dieser Vorschlag zur Energiegewinnung kann nur der Traum von Perversen sein. Ein Bockspringbock mit Energiezapfern, die bei jedem Drüberhoppsen zulangen.

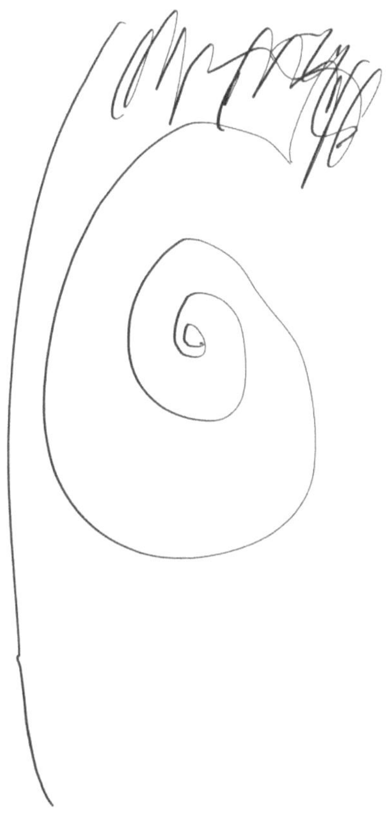

23. Lärm

Lärm. Laute Kinder, laute Bauwerkzeuge und ständige Einwirkung. Kann es eine Wirkung ohne Energie geben? Nein, wieso wird der Lärm noch nicht eingefangen? Wieso landen Schallwellen nicht in einem Umwandler? Was bedarf es dazu, dass eine sehr

laute Disco die Morgenenergie für viele Normhaushalte
liefert?

52

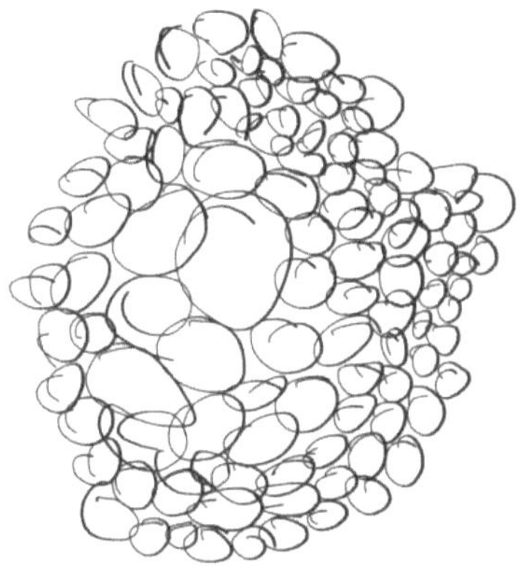

Einfach mal ganz viele Magnetkugeln und Batzen beisammentun und ein Kabel dranhalten. Da muss doch was passieren!

Das ist Carlo Bohrmann. Er entdeckte die
Regenwurmenergie und befindet sich derzeit im
Sachsenberg zu Schwerin. Man nimmt ihn nicht nur
nicht ernst, man hat ihn auch eingewiesen. In seiner
Arbeit um die Regenwurmstreckung als
Energiegewinnung , hat er etliche Pläne ins Feld

geworfen und ist dabei an den großen Konzernen abgeprallt. So, wie ein junger Spatz an einer Badfensterscheibe. Der Unterschied zwischen Lang,- und Kurzstreckung bei einem Regenwurm liegt bei 1 kWh.

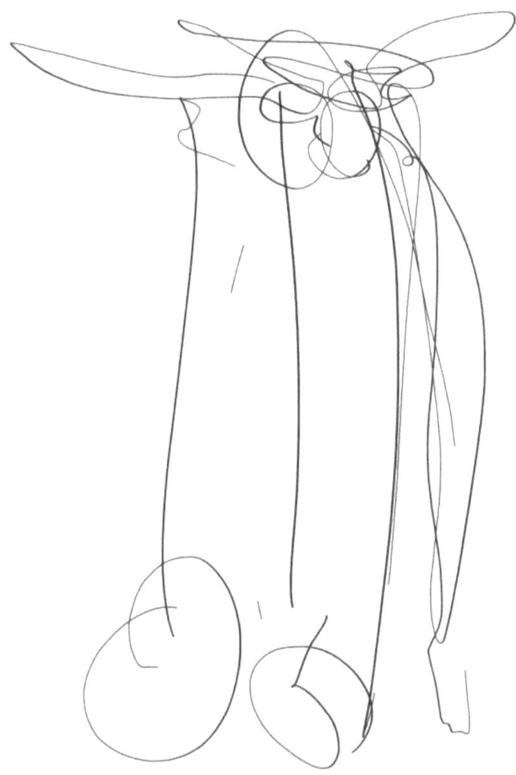

Sieht aus wie zwei Pilzbrüder, die beisammen stehen,
oder? Ist aber eine Kokospalme, die gerade zwei
Früchte verliert. Hier die Rückschau zu früheren
Punkten: Gehweg und Regenenergie. Geht also um
Druckverwertung. Diese kann man nicht nur unter

Fallobst anwenden, sondern auch in Kinderkrippen und unter Brücken.

58

Erhard Konken ist Besessen von Wichserei. Er hat sich bei der Stadt eine Gummivagina ausgeliehen und ist etliche Wochen damit beschäftigt. Wenn sie ein wenig geweitet ist und keinen Spaß mehr verspricht, wechselt er aus und das Energieamt erhält seine starke

Wichsenergie. Die ist mehr wert als er jemals wissen wird.

Eigenartigkeit zieht Fokus und Fokus ist Energie. Dieses Bild zeigt nichts, aber kann doch alles sein. Was glauben sie, welche Dimension gerade Energie aus Ihrer Betrachtung zieht? Das ist alles Lebenszeit und um so länger sie hier verweilen, desto…..

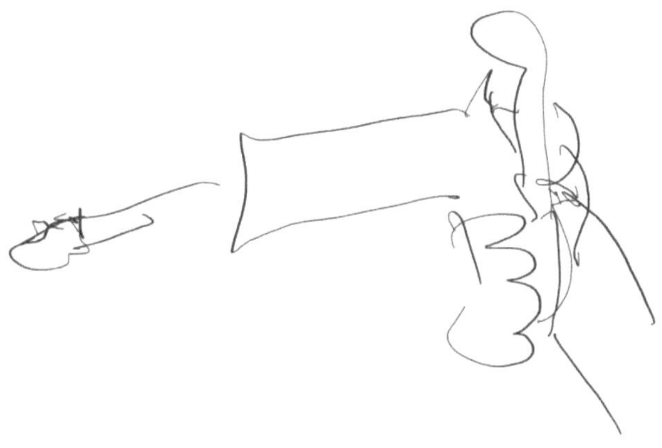

Ehrliche Frage! Was wäre, wenn ich mit einer Pistole ein Projektil in Lichtgeschwindigkeit abfeuern würde? Und was wäre, wenn das Projektil eine AA-Batterie wäre?

Wieso nutzt man noch echte Menschen in den
Rotlichtvierteln? Wieso lässt man nicht
energiesaugende Konstruktionen auf die Männer los?
Neben der Bezahlung kann man Kraft ernten.
Körperreibung, Schläge, verbale Auswüchse und Tritte.

All dies ist pure Energie. Energetisch, brachial und wegerweiternd. Das muss geerntet werden.

Ihre Handinnenflächen aneinander. In einem Abstand
von 30 Zentimeter und nun ganz, ganz langsam
zueinander führen. Wer jetzt ein Kribbeln und Druck
spürt, ist ein Eigenkraftwerk und Goldwert für die
Menschheit.

Ein Typ, der im Wüstenboden versinkt. Er selbst in Mumienverbänden und mit depressivem Blick. Automatisch denkt man: Wo kommt der her und warum befindet er sich gerade in dieser Situation?

Stell Dir vor, es gibt eine Stelle in Deiner Stadt, die Geschichten vorgibt und Du erzählst die Geschichte weiter. Dabei klebst Du Dein Gehirn an einen Strang und gibst Energie und Fantasie weiter.

Könnt Ihr Euch an den Punkt der sexuellen Energie
erinnern? Da ging es um Kraft, die man vergibt und
doch keine Mühe verspürt. Dies greift auf Sex und auch
auf das Biertrinken. Stellt Euch mal vor, dass die
Bierflasche nicht nur den Wiederverwendungswert mit
sich trägt, sondern auch noch eine energetische

Instanz. Wenn jedes Bierleeren durch Bewegung Energie speichert.

Walkungsenergie, die aus nachbarschaftlichen
Streitigkeiten gezogen wird. Hier sieht man einen, der
es ernst meint und einen, der es nicht so ernst meint.
Vollkommen egal, wie sie gepolt sind. Ihre Walkenergie
wird durch die Unterlage und ihre Anzüge gesammelt.

Ihr Kampf bietet viel Entfaltung und natürlich auch das Ende der Streitigkeiten.

74

Das ist Johann Banko. Er hüllt sich in Gebetskleider und erforscht hobbytechnisch die Urenergie. Er meint, man müsse nur eine bestimmte Melodie summen und der Teufel erscheine zuverlässig. Dieser schenkt einem dann einen Zugang zur Urenergie, die man nutzen kann, wie man will. Wer hatte diesen Zugang schon?

Welche Zivilisationen gelangten so zur Weltmacht? Wer kennt die Melodie noch?

76

Was ist für Kinder das Schlimmste? Ganz klar: Angst und Unsicherheit. Sie sind gerade klar im Erkenntnisdasein angelangt und Irritation mögen diese Neumenschen gar nicht. Wieso gibt es in Geisterbahnen und sowieso im öffentlichen Raum keine Angstenergiesauger? Wieso keine Panikpumpen, die diese negative Kraft abziehen? Keine PanikattackenMinimierer die sich auf diese Kraft freuen? Wir müssen solche Gefühle minimieren.